中國火锅

冯旭 著
张越 绘

天 下 第 一 锅

中国友谊出版公司

天下之大，百味其中。
融合一切，绽放中国味道。

火锅之中有神龙。

上配菜，等锅开。

美食入锅。

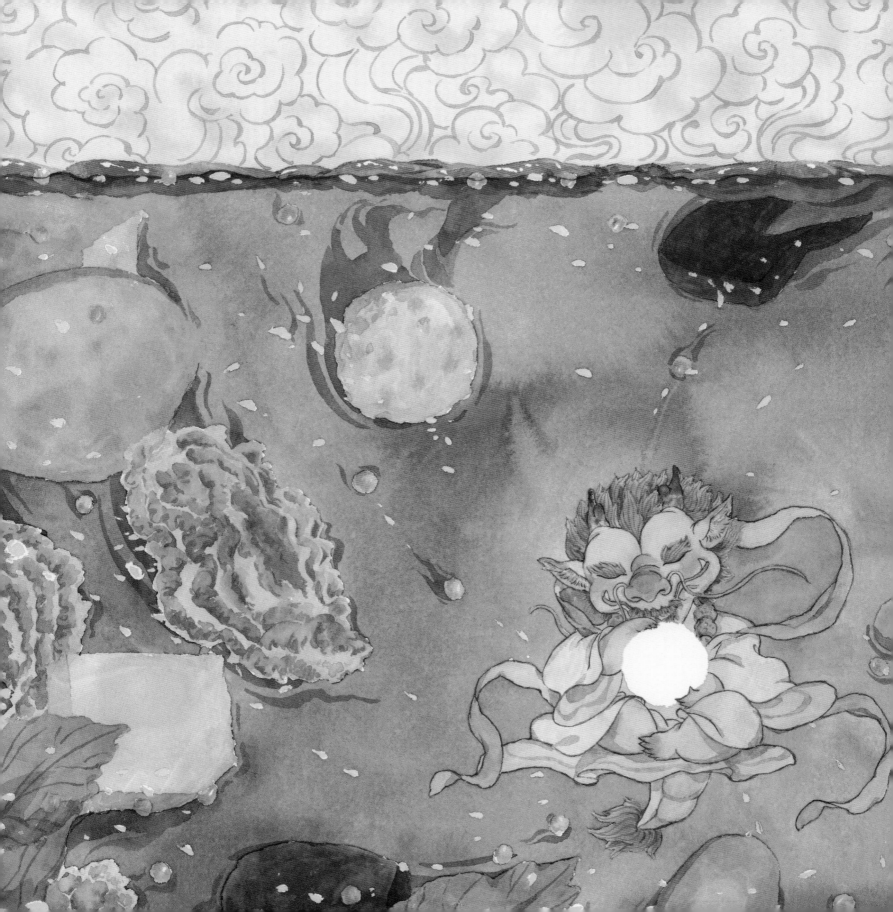

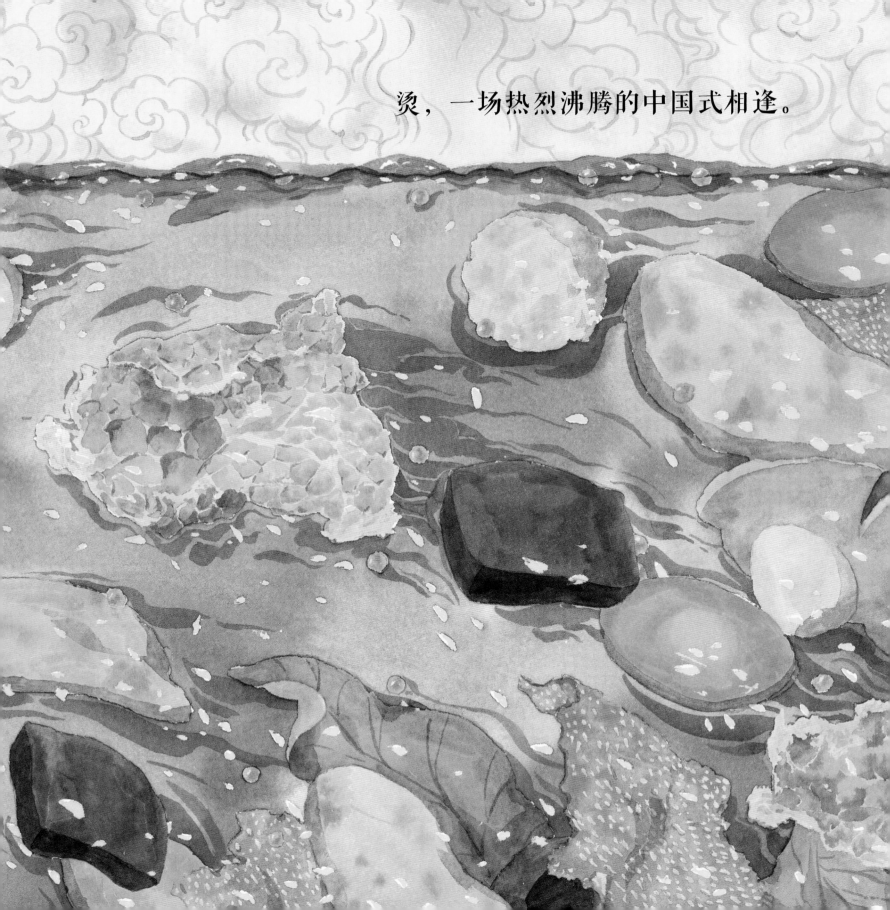

烫，一场热烈沸腾的中国式相逢。

出，美食出锅，夹起的是惊喜。

包容万物，天下之大，百味其中。

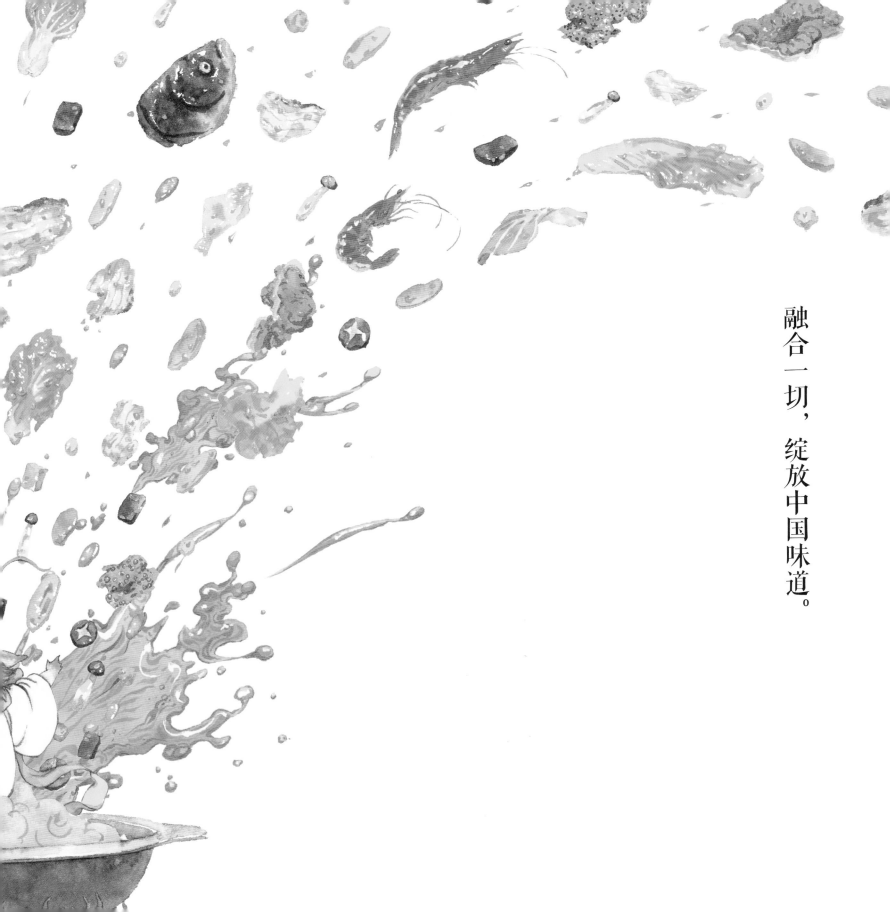

融合一切，绽放中国味道。

感红汤意向，包含爱恨情仇。

感清汤意向，汇聚自然养分。

重庆火锅

潮汕火锅

云南菌菇火锅

台湾火锅

海南椰子鸡

老北京火锅

广东打边炉

江浙菊花火锅

亲朋好友大家一起吃火锅。

后记

有一些话，是父母要对孩子说的，为了使他们健康成长，了解这个大千世界，比如教孩子说"吃火锅"，"火锅很好吃"，但这么说只停留在食物的层面，并不好玩。吃火锅是一种感受，是一种文化，在吃之前，要让他爱上火锅，让孩子们了解事物背后的文化，产生更多的想法与感受。

《中国火锅：天下第一锅》，通过吃火锅的过程，展现中国文化的力量，一场热烈沸腾的中国式相逢，火锅包容万物，天下之大，百味其中，出锅绽放中国味道。重庆火锅、潮汕火锅、海南椰子鸡、老北京涮羊肉、云南菌菇火锅、台湾火锅、广东打边炉、江浙菊花火锅，展现出各地饮食文化。

看懂了中国火锅，就看懂了中国文化，中国海纳百川之精神。

中国符号系列绘本 推荐文

孩子比成年人更容易好奇，好奇自己，自己的家，家中的人、事、物，然后扩大到整个社会、国家……

孩子像历史学家，问自己的来源；像文化人，问祖辈的生活、事与物；像哲学家会思考……

怎么让他们满足上述的想象与求知，这套"中国符号绘本"可以由亲子阅读来完成。

孩子正是未来的主人翁，有了这套文化绘本，让他们由中国符号学习祖先的智慧，来完成中华民族伟大"中国梦"的传承与发扬。

黄永松

作者简介

冯旭，中央美术学院绘本创作工作室导师，iMadeFace/CosFace 创始人，艺伙（ARTFIRE）创始人，2002 年获清华大学美术学院学士学位，2008 年获中央美术学院硕士学位，广泛参与国内外展览及艺术活动。

绘者简介

张越，毕业于中央美术学院绘本创作工作室，毕业作品《春福》获中央美术学院优秀毕业作品一等奖，中国动漫金龙奖学院漫画奖银奖，并被中央美术学院美术馆收藏。

出 品 人：许　永
出版统筹：海　云
艺术总监：冯　旭
责任编辑：许宗华
特邀编辑：韩　晴
装帧设计：李嘉木
印制总监：蒋　波
发行总监：田峰峥

投稿信箱：cmsdbj@163.com
发　行：北京创美汇品图书有限公司
发行热线：010-59799930

图书在版编目（CIP）数据

中国火锅：天下第一锅 / 冯旭著；张越绘. —— 北京：中国友谊出版公司，2021.7（2024.3重印）

ISBN 978-7-5057-5114-9

Ⅰ．①中… Ⅱ．①冯… ②张… Ⅲ．①火锅菜-介绍-中国 Ⅳ．①TS972.129.1

中国版本图书馆CIP数据核字(2021)第020414号

书名	中国火锅：天下第一锅
作者	冯旭
绘者	张越
出版	中国友谊出版公司
发行	中国友谊出版公司
经销	新华书店
印刷	北京中科印刷有限公司
规格	787毫米×1092毫米　12开 3印张　18千字
版次	2021年7月第1版
印次	2024年3月第3次印刷
书号	ISBN 978-7-5057-5114-9
定价	49.80元
地址	北京市朝阳区西坝河南里17号楼
邮编	100028
电话	（010）64678009

版权所有，翻版必究

如发现印装质量问题，可联系调换

电话	（010）59799930-601